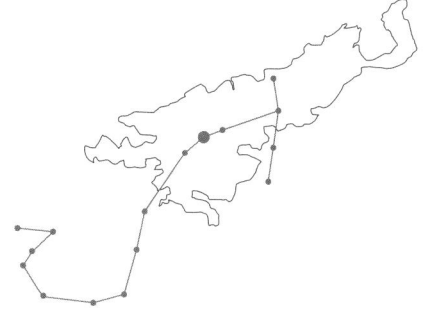

公転軌道は
時間軸（t軸）である

見えない赤い糸研究室室長
藤木 義仁
とうき よしひと

文芸社

はじめに

見えない赤い糸ってなんでしょう。
そー、思っている読者も多いことでしょう。
まずは、この見えない赤い糸について簡単に話をします。なんのアニメだったでしょうか。タイトルは知りませんがハート形の胸に矢のようなものが突き刺さるのを見たことがあります。その矢のようなもののことを日本語では『見えない赤い糸』と呼んでいます。アニメでは矢のようですが、実際にはビームでありまして、送り主は神です。そのビームが私の左胸に送られてきたのです。ほんの一瞬の出来事でした。場所は、私の今住んでいる部屋で、時は2008年8月14日の午前10時頃のことでした。実は私はしばしば聖書を愛読しておりまして、このビームをどのように捉えたらよいのか自問自答しました。次に示す聖書のフレーズに出会えたことが、心の大きな支えになりました。
『信ずる者は、慌てることはない』（イザヤ書28.16）
だから、私は見えない赤い糸を信じることにしました。今、ここに論文を書いていますが、これも見えない赤い糸を信じているからできる術であり、神が私に最高の道を教えているのだと信じています。
私は見えない赤い糸の他にも不思議な体験をしたことがあります。中学1年の時、理科の授業中にそれは起こりました。授業をする先生の声が不思議な響き（テレパシーのような音の響きとして）で私の耳に入ってきたのです。そういうことが2度

ありました。周りの者に尋ねてみてもその不思議な響きを耳が捉えていないようでした。あの時の２度の体験、私の耳だけが特別なのでしょうか。ひょっとして天からの啓示であったのかもしれません。

　それならばと思い、地学の天文分野や数学、物理を生涯学習のつもりで研究してみることにしたのです。天文学の書を読んでいくうちに、水星のところでオヤッと思わぬ発見をしました。この説明は正しくないのではないか、と考えました。他の天文学の書ではどうか、調べてみました。どちらの説明も似たり寄ったりでして、ここにひとつメスを入れてみよう、論文を書いて主張してみようと思うようになりました。

　この書では説明のために数式を使うことを極力避け、なるべく図解を多く用いるように工夫しました。そして私の持つ、"超"能力のすべてを発揮して書き上げたつもりです。他の天文学の書より秀れていて参考になるという声を聞きたいものです。

　なお、この書を作り上げるにあたって出版社の果たした役割が大きかったことを付記しておきます。

　このような形式に仕上げたのは文芸社出版企画部、編集部他様々な方です。ここに厚くお礼を申し上げます。

　　　　　　　　　　　　　　　2013年7月　著者　しるす

●タイトルについて

　この本に出てくる星は、太陽と地球と月と水星です。

　月と水星に限らず、時間ちょうどの運動をする星には公転軌道が与えられています。時間軸（ｔ軸）を持っているのです。じゃー、時間にルーズな星はどーなるんでしょうか。そういうのはどーでもいい（相手にしない）というのが物理学の性格ですが、時間にルーズな星は上も下もない世界を漂流しています。すると、突然何かが引っ張り、上と下のある世界になります。その何かというのが重力（あるいは万有引力）です。

　時間にルーズな星は重力に捕らえられて刑罰を受けるのです。例えば、流れ星。時間にルーズな星が地球の重力に捕らえられ落下し、大気圏に突入したところで大気との摩擦で燃えつきます。私たちは時間にルーズな星が最後に燃えつきていくのを見るのです。それが流れ星です。また月に見られるクレーター。時間にルーズな星が月の重力に捕らえられ落下し、月には大気がないので燃えつきることなく、ミイラ化した死骸だと考えればいいでしょう。

　人間社会に目を向けてみても、同じような形を取っているといえます。時間ちょうどまでに行かないと誰も相手にしなくなりますし、そうなると言い訳ばかりで、語ることばを失いますし、生きて行けなくなります。そのように考えたら時間にルーズな人間には、自然の法則と同じように、自然と刑が下っているといえるでしょう。

　ところでドイツの哲学者（物理学者でもあるのだが）カントは、時間ちょうどの散歩をしていたといいます。カントの散歩を見ながら、時計の針を合わせるほど正確なものであったとい

うエピソードがあります。カントの散歩というのは、公転軌道を与えられた星の運動と重なります。時間ちょうどによるパントマイムとでも表現しておきましょう。

　そのように書く著者本人は決して時間にルーズではありません。会社社長の他、周りの者に尋ねてみるといいでしょう。

　この本では、月と水星の公転軌道が「だ円である」とか「ほぼ円である」とか、そのような幾何学的な形に注目するのではなく、時間に注目します。1周したところで公転周期を見て、目盛ります。次に自転周期を見て考えます。そうすることで何がわかるか図解を交えながら説明してあります。今、書店に並んでいる天文学の本には、月については公転周期と自転周期がどちらも 27.3 日であるから、月は地球に同じ面を向けていると書かれていますが、どーしてそーなるか図解を見つけることができませんでした。目的とする書物がどこにもないなら、自分の頭で考えなくてはいけません。熟慮に熟慮を重ね、閃いた時には、頭の中で脳みそが一回転しちゃったかのような気分でした。次に、水星については、現代の天文学の本には、「水星の1日は、水星の2年である」と書かれています。実は、これが先程書きました思わぬ発見です。この水星の記述にメスを入れてみるのです。「水星の3日が水星の2年のはずです」と。

　この本の図解では、月と水星の公転軌道に時間の目盛りをふりながら説明しました。すると月が地球に同じ面だけを向けているという観測結果を説明できます。

　また水星については2公転軌道で考えますが、正しい観測結果がありません。そこで予言をするのです。「水星の3日は、水星の2年のはずである」と。

これに観測結果がついてくるでしょう。

また、私は、月が地球に同じ面を向けているという観測結果から、「公転軌道は時間軸（ t 軸）である」という法則を発見したと確信しております。

以上のような理由でこの本のタイトルを決めました。

●カバーデザインについて

カバーデザインは奄美大島と夏の夜空を飾るさそり座を重ねてみました。奄美大島は私の生まれ育った島です。

ある晩、私はカントの『わが上なる星の輝く空とわが内なる道徳的法則』という一節に出会いました。何だろうかと素直に外に出て夜空をながめたら、さそり座が見えました。その時、奄美大島と似ているなと思いました。

エジプトのピラミッドがオリオン座の形に並んでいるのは、どこかのピラミッド研究チームが発見したのですが、奄美大島とさそり座が似ているのを発見した時、私は誰ともコンタクトを取っていませんでした。私がひとりで発見したのです。

そう考えると、『あなたはすぐれています』と星が宇宙語で私をほめてくれます。

そんな思いでこのカバーデザインを決めました。

この本を読んでひとりでも多くの人が星について興味を持ってもらえたら、と思います。

それから奄美大島の旧名瀬市（現奄美市の大部分）には方言で『チクリ』というのがありまして、日本語に訳すと『人』あるいは『人間』を指します。その他、マヤ（マヤ文明ではないのですが）という方言は『猫』のことです。奄美大島の方言講座ではないのでこれくらいにとどめておきます。

目　　次

はじめに　2

第1章　アインシュタインの予言……………………………8

第2章　月の公転周期と自転周期……………………………10

第3章　水星の公転周期と自転周期…………………………19

第4章　法則の発見……………………………………………32

第5章　月の満ち欠けの周期に触れなかった理由………33

おわりに　34

第1章　アインシュタインの予言

　遥か彼方の星からくる光が太陽の近くを通ると、太陽の重力による時空の曲がりで光は曲がるはずである、これがアインシュタインの予言です。

　さらにアインシュタインは皆既日食の時が、光の曲がりを観測できるチャンスだと提唱しました。

　観測に適した日食が1919年5月29日に起こりました。皆既日食の数分間、月に隠れた太陽のすぐそばに見える星の光を写真に撮ります。その星の光は太陽のそばを通ってきています。光が曲がるのを確認するために皆既日食の日から半年待ちます。夜空には皆既日食の時と、同じ星が見えます。その星の光を写真に撮ります。それから、2枚の写真を比べてみます。すると、皆既日食の時と比べて互いにもっと近い位置に見えます。空には皆既日食の日は太陽はあるし、半年後の夜空には太陽はありません。このことから次のことがいえます。

　太陽の重力により時空が曲がり、その曲がった時空では光線も曲がります。

　アインシュタインはニュートンと肩を並べる功績を残したとたたえられました。

　アインシュタインの辿った道は、まず予言をし、次に提唱をするという順です。

　私も同じ道を行こうと思います。

私の予言
水星の3日は、水星の2年のはずである。

私の提唱
日欧共同のベ（ッ）ピコロンボ計画では、2機の探査機を2014年に打ち上げて2020年より水星の観測を行う予定であるという。
その時が私の予言を観測できるチャンスである。

第2章　月の公転周期と自転周期

(1) 月の公転周期27.3日の時間目盛り

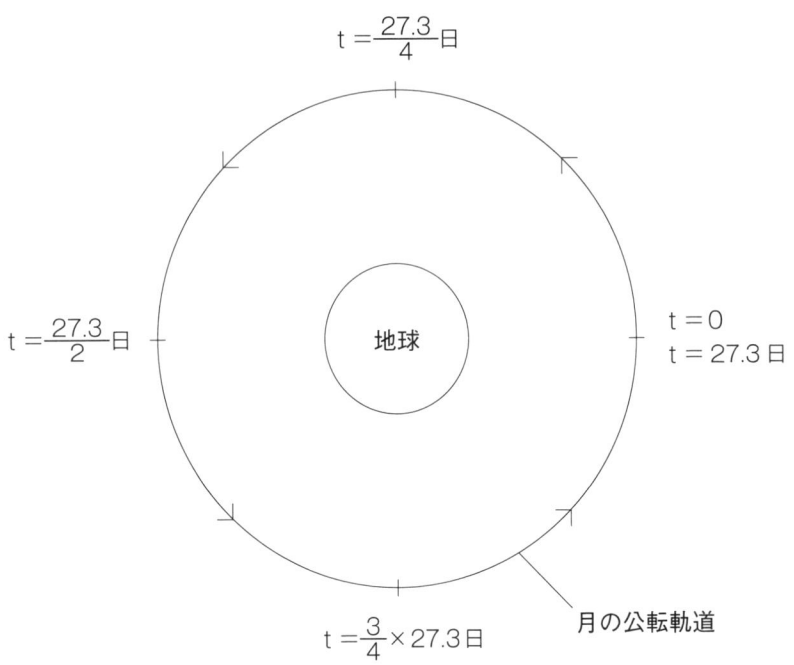

（2）月の自転周期27.3日の月の自転の様子

月を４つの領域 A、B、C、D に分けて自転の様子を示します。

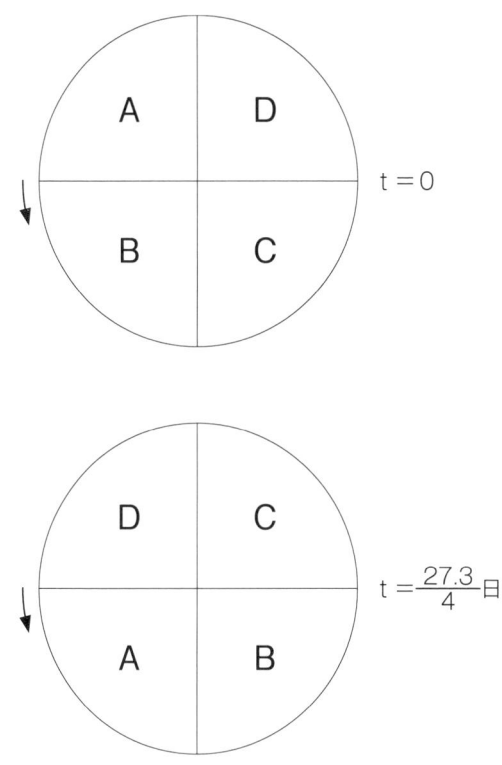

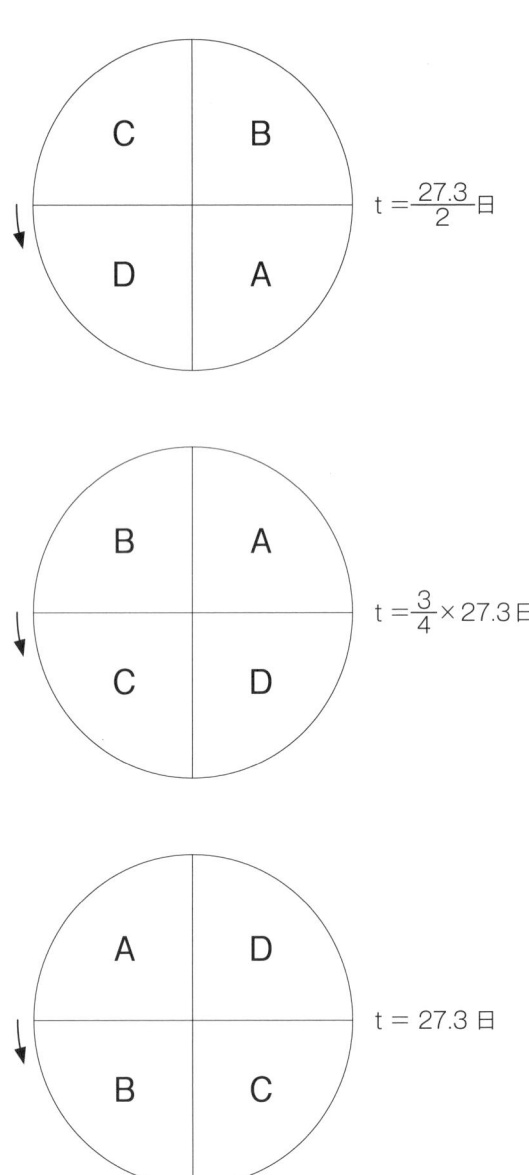

(3) 月の公転周期の図と月の自転周期の図とを重ねます

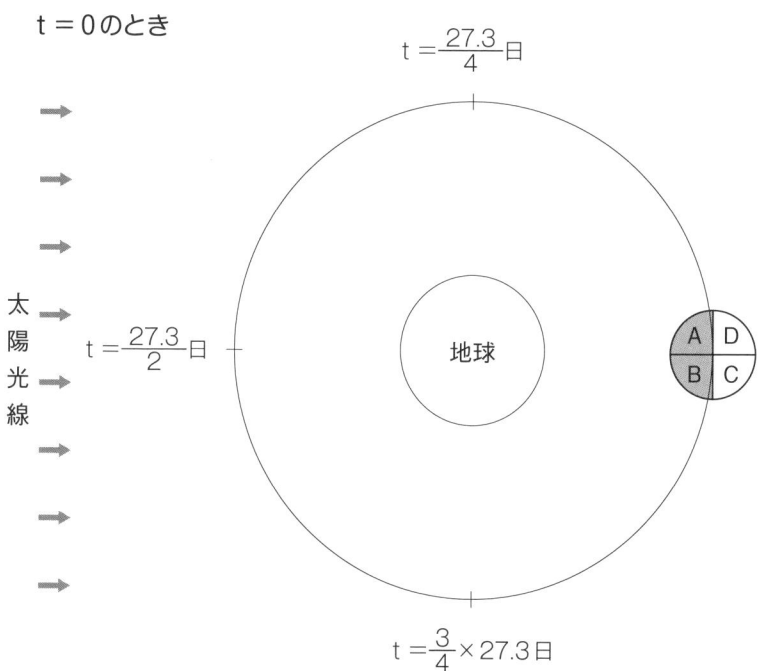

t = 0のとき

t = $\frac{27.3}{4}$ 日

太陽光線

t = $\frac{27.3}{2}$ 日

地球

t = $\frac{3}{4}$ × 27.3日

・太陽光線は月面のAとBとを照らす
・地球からは月面ABの満月として見える
・月は地球にAとBの面を向けている
・ここでは、月食は考えないことにする

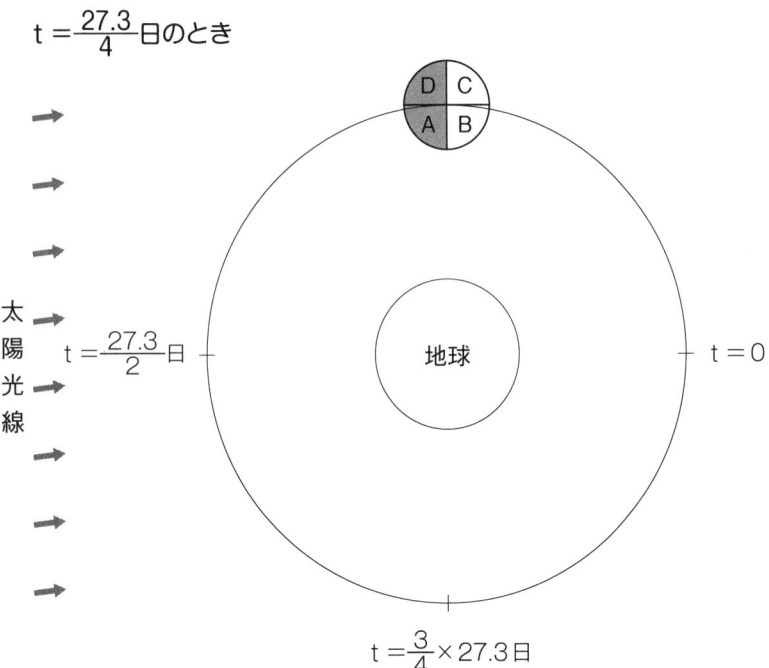

- 太陽光線は月面のDとAとを照らす
- 地球からは月面Aだけの半月(下げん状の月)として見える
- <u>月は地球にAとBの面を向けている</u>

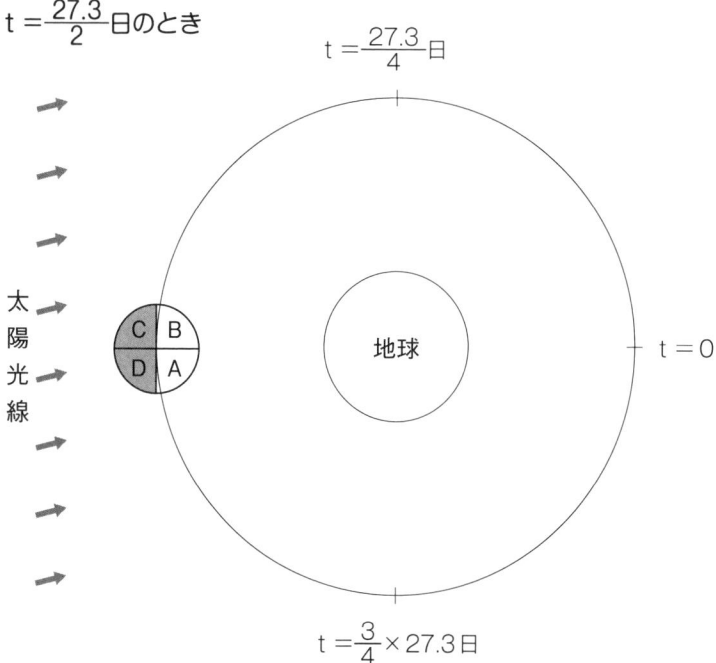

・太陽光線は月面のCとDとを照らす
・地球から月は見えない（新月状の月）
・月は地球にAとBの面を向けている

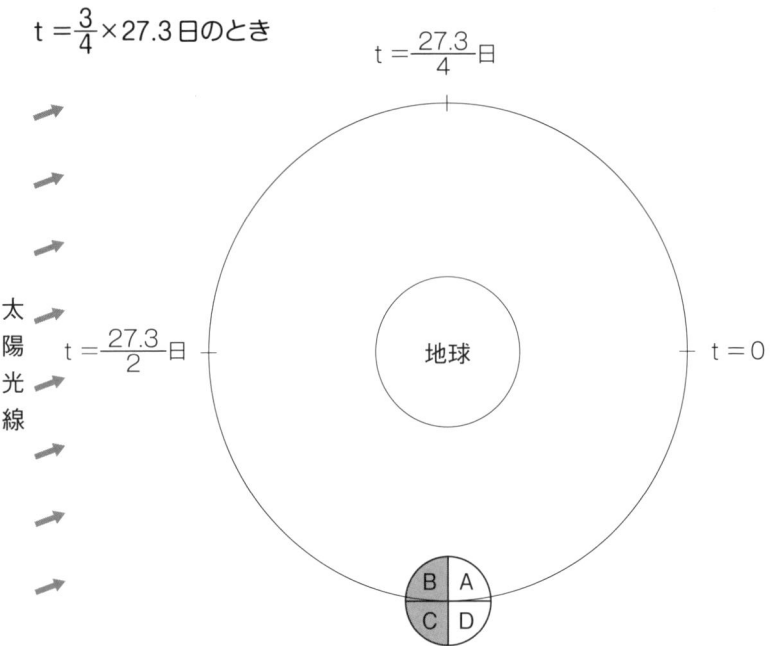

- 太陽光線は月面のBとCとを照らす
- 地球からは月面Bだけの半月（上げん状の月）として見える
- <u>月は地球にAとBの面を向けている</u>

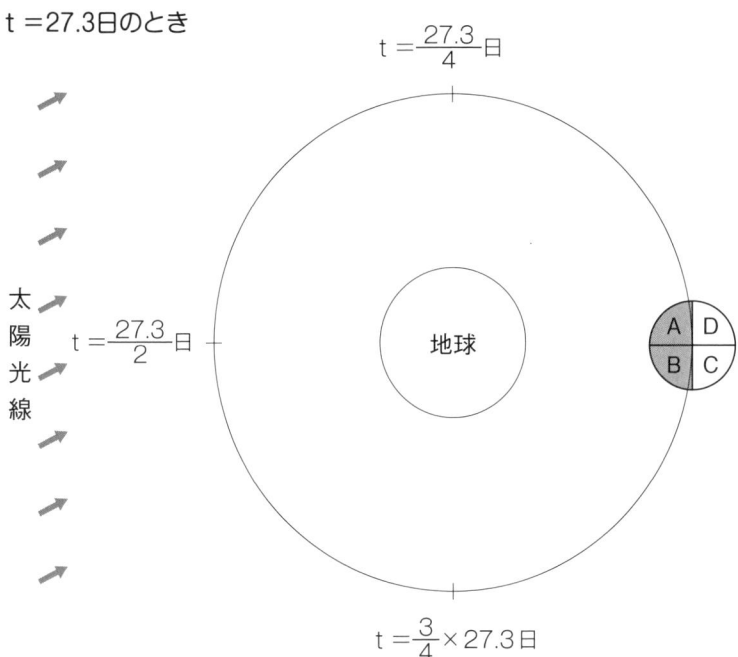

- 太陽光線は月面のAとBとを照らす
- 地球からは月面ABの満月に成りきっていない月が見える
- <u>月は地球にAとBの面を向けている</u>

※月面ABの満月になるには、あと 2.2 日を要します。満ち欠けの周期 29.5 日についてはここでは触れません。その理由をあとで少しだけ説明します。

月は自転周期27.3日、公転周期も27.3日であり、同じ時間であるので、このことを天文学では同期しているといっています。同期しているから、月は地球に同じ面を向けている（図解では、月は地球にAとBの面を向けている、と書いた）ことがわかっていただけたと思います。

　私たちは月の立場を体験することができそうです。私たちがメリーゴーラウンドに乗ってメリーゴーラウンドを回してもらって、私たちは常にメリーゴーラウンドの中心に顔を向けてみましょう。そして、横から光を照らします。すると、メリーゴーラウンドの中心にいる人から見るとメリーゴーラウンドに乗っている人の顔の陰と陽とを見ることになります。陽の顔が満月であり、陰の顔が新月であるということになります。両耳からうしろの頭を見ることができません。ここまで、月をメリーゴーラウンドに乗った人の顔でたとえました。実は、アインシュタインの相対性理論にもメリーゴーラウンドに乗った人の話があります。回転運動：双子逆説に書いてあります。ここになにかしらの関連があるならば、またちょっとだけ相対性理論が理解しやすくなるかもしれません。

　それから、話を月に戻しますが、月には、月の誕生にまつわる4つの説があります。捕獲説、親子説、双子説、ジャイアント・インパクト説。この4つの説の中で最も有力な説と考えられているのが、ジャイアント・インパクト説である、と書かれています。私は、双子（逆）説ではないのかと考えるようになりました。これは今後の課題とし、確信を持てるようになったならば主張します。

第3章　水星の公転周期と自転周期

(1) 水星の2公転周期 (88.0日×2＝176.0日) の時間目盛り

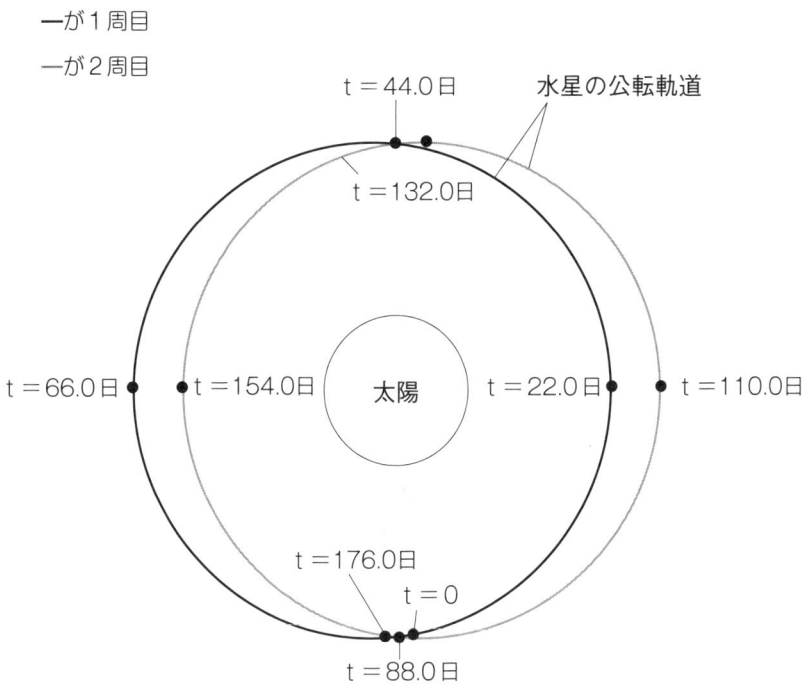

※水星の公転軌道のずれ (移動) はかなり誇張して描いています。

（2）水星の3自転周期（58.7日×3＝176.1日）の水星の自転の様子

水星を4つの領域 A、B、C、D に分けて自転の様子を示します。

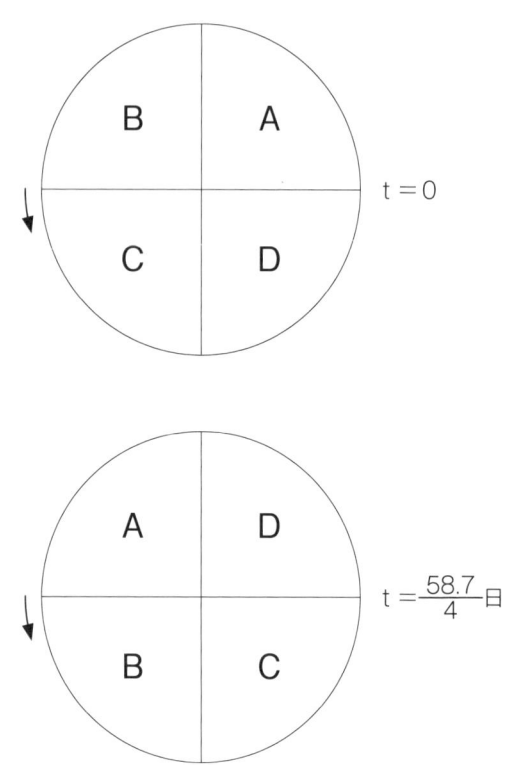

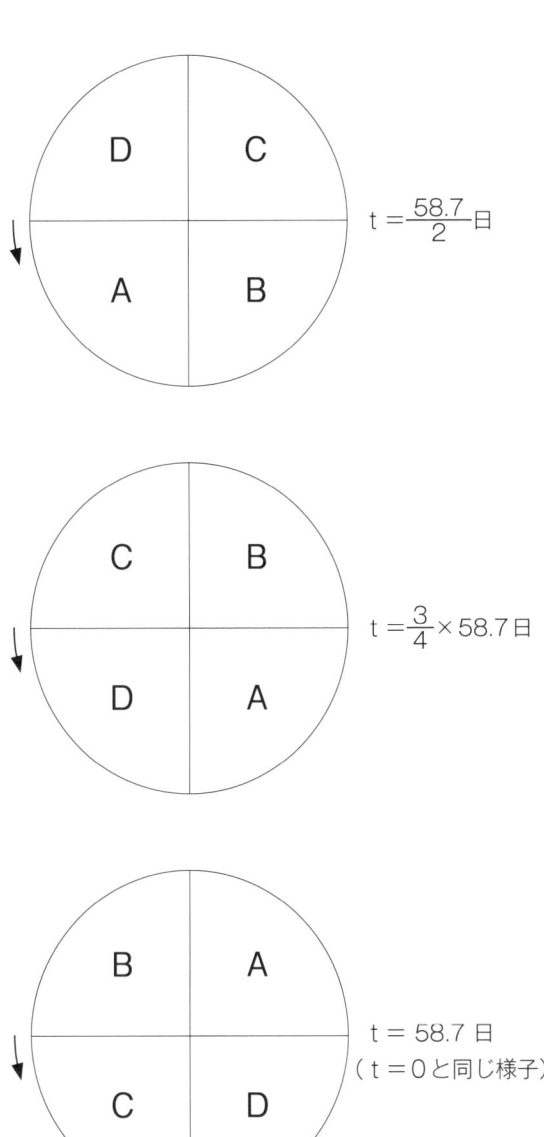

以下、図を略するが、

$t = \dfrac{58.7}{4}$日 と同じ様子が	$t = \dfrac{5}{4} \times 58.7$日 と
	$t = \dfrac{9}{4} \times 58.7$日 である
$t = \dfrac{58.7}{2}$日 と同じ様子が	$t = \dfrac{3}{2} \times 58.7$日 と
	$t = \dfrac{5}{2} \times 58.7$日 である
$t = \dfrac{3}{4} \times 58.7$日 と同じ様子が	$t = \dfrac{7}{4} \times 58.7$日 と
	$t = \dfrac{11}{4} \times 58.7$日 である
$t = 0$、58.7日と同じ様子が	$t = 58.7 \times 2 = 117.4$日と
	$t = 58.7 \times 3 = 176.1$日である

(3) 水星の2公転周期の図と水星の3自転周期の図とを重ねます

t = 0のとき

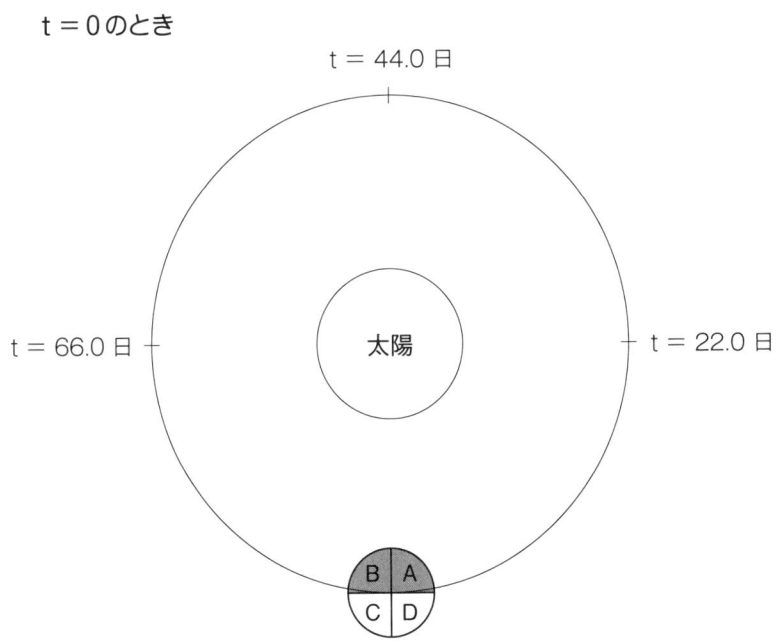

・太陽光線は公転軌道の1つの焦点から
　水星のAとBとを照らす
・AとBの境が南中している
・CとDの境が真夜中である

$t = \dfrac{58.7}{4}$ 日のとき

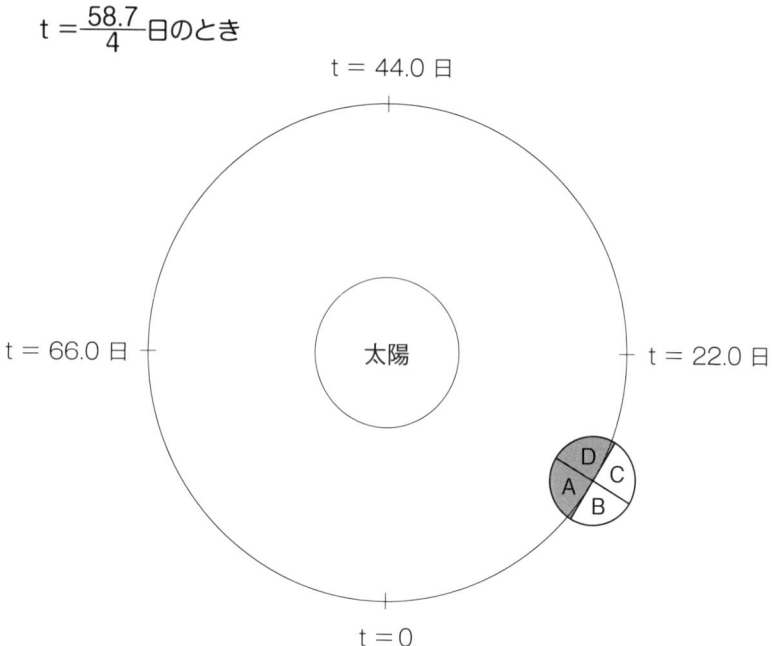

- 太陽光線は公転軌道の１つの焦点から水星のAとDとを照らす
- AとDの境が南中している
- BとCの境が真夜中である

$t = \dfrac{58.7}{2}$ 日のとき

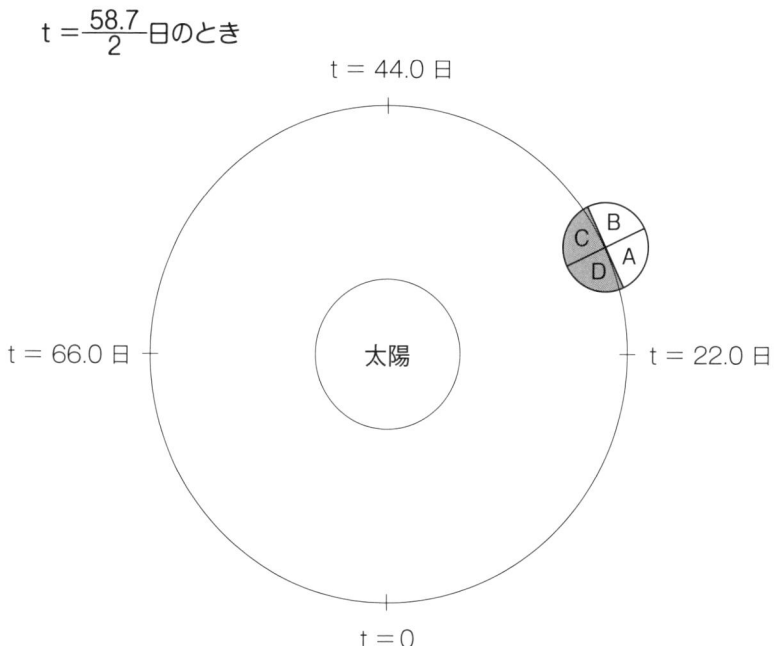

- 太陽光線は公転軌道の1つの焦点から水星のCとDとを照らす
- CとDの境が南中している
- AとBの境が真夜中である

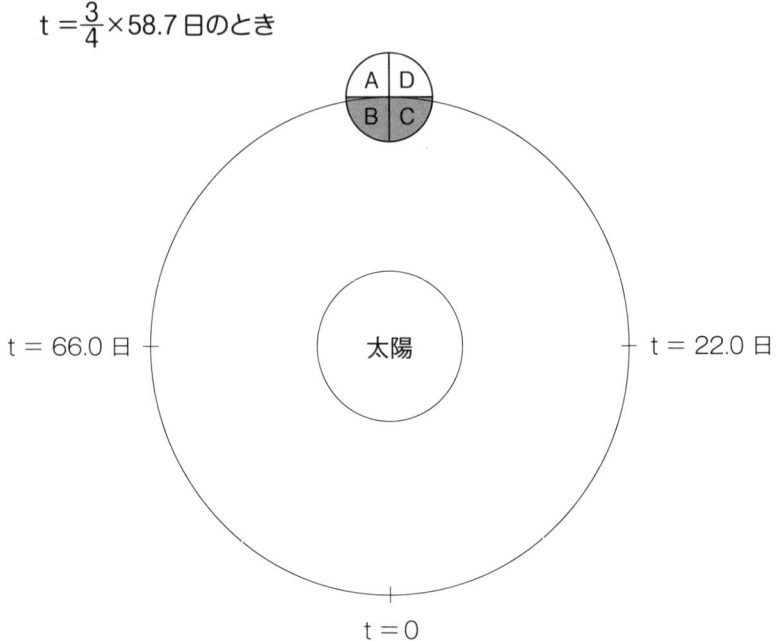

- 太陽光線は公転軌道の1つの焦点から水星のBとCとを照らす
- BとCの境が南中している
- AとDの境が真夜中である

t =58.7日のとき

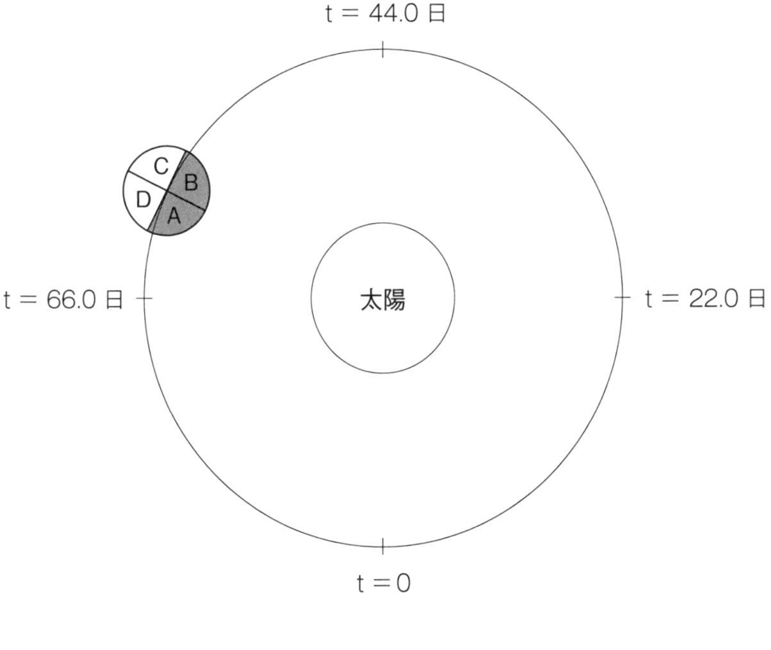

t = 44.0 日

t = 66.0 日

太陽

t = 22.0 日

t = 0

- 太陽光線は公転軌道の1つの焦点から水星のAとBとを照らす
- AとBの境が南中している
- CとDの境が真夜中である
- ここで水星の1日が過ぎました

① $t = \dfrac{5}{4} \times 58.7$ 日

② $t = \dfrac{3}{2} \times 58.7$ 日

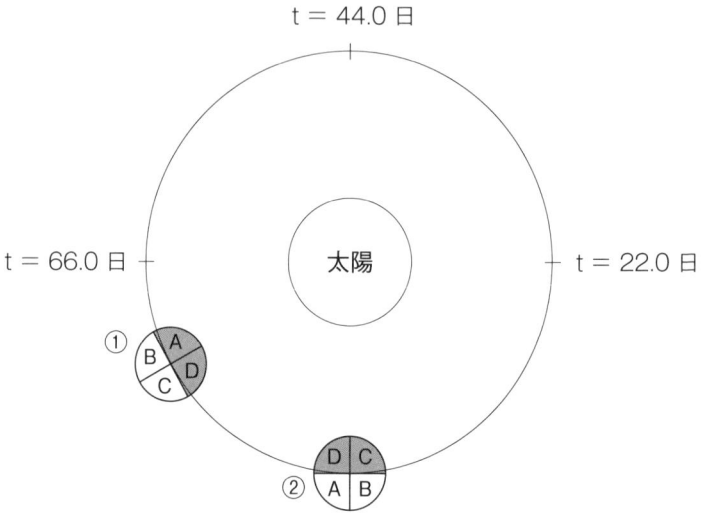

① ・太陽光線は公転軌道の1つの焦点から
　　水星のAとDとを照らす
　・AとDの境が南中している
　・BとCの境が真夜中である

② ・太陽光線は公転軌道の1つの焦点から
　　水星のCとDとを照らす
　・CとDの境が南中している
　・AとBの境が真夜中である
　　②で水星の1年が過ぎました

① $t = 58.7 \times 2 = 117.4$ 日

② $t = \dfrac{7}{4} \times 58.7$ 日

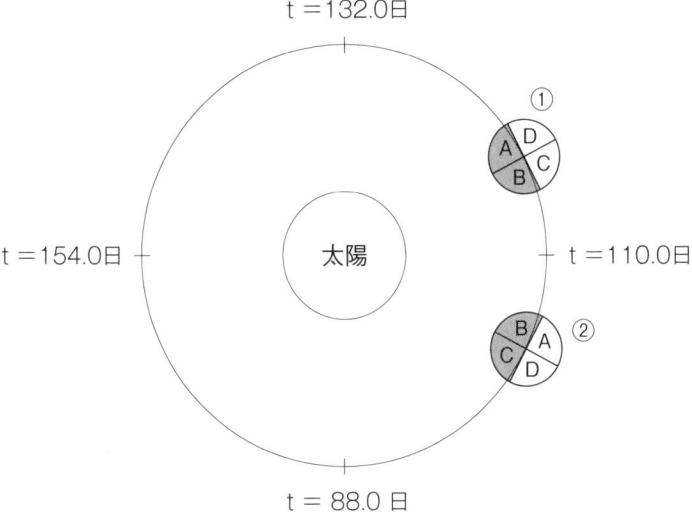

① ・太陽光線は公転軌道の１つの焦点から
    水星のAとBとを照らす
  ・AとBの境が南中している
  ・DとCの境が真夜中である
  ①で水星の２日が過ぎました

② ・太陽光線は公転軌道の１つの焦点から
    水星のBとCとを照らす
  ・BとCの境が南中している
  ・AとDの境が真夜中である

① $t = \dfrac{9}{4} \times 58.7$ 日

② $t = \dfrac{5}{2} \times 58.7$ 日

③ $t = \dfrac{11}{4} \times 58.7$ 日

④ $t = 58.7 \times 3 = 176.1$ 日

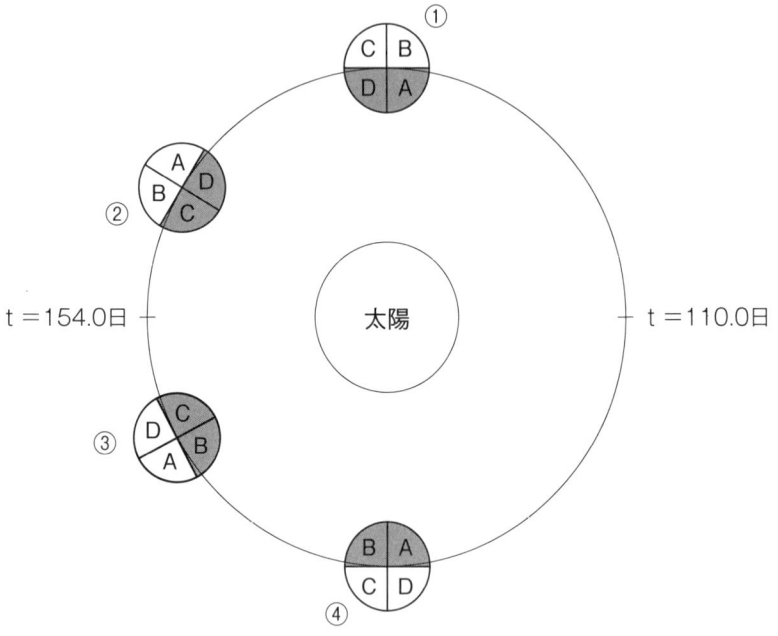

① ・太陽光線は公転軌道の１つの焦点から
　　水星のAとDとを照らす
　・AとDの境が南中している
　・BとCの境が真夜中である

② ・太陽光線は公転軌道の１つの焦点から
　　水星のCとDとを照らす
　・CとDの境が南中している
　・AとBの境が真夜中である

③ ・太陽光線は公転軌道の１つの焦点から
　　水星のBとCとを照らす
　・BとCの境が南中している
　・AとDの境が真夜中である

④ ・太陽光線は公転軌道の１つの焦点から
　　水星のAとBとを照らす
　・AとBの境が南中している
　・CとDの境が真夜中である

水星の３日が過ぎたのと同時に
水星の２年が過ぎました

これで水星の公転軌道に時間の目盛りをふりながら、私の予言「水星の３日は、水星の２年のはずである」を図解により説明しました。

第4章　法則の発見

　第2章で月の公転周期と自転周期について説明した時に、公転軌道に時間の目盛りを振りました。水星の公転軌道にも同様にして時間の目盛りを振りました。そこで次の法則を主張します。

　法則1　公転軌道は、時間軸（t軸）である

　また、地球の公転軌道上で太陽に最も近い点のことを近日点といいますが、アインシュタインの相対性理論によると近日点は移動します。太陽に近い惑星では、その効果が大きくなります。そこで次の法則を主張します。

　法則2　公転軌道、すなわち時間軸（t軸）も移動する

第5章　月の満ち欠けの周期に触れなかった理由

　古代マヤ文明の天文学の記録によると、月の満ち欠け、月食や日食の計算、さらには金星の周期に関する正確な表現を見てとることができるといいます。したがって、少なくとも地球との関係における月、太陽、金星などの天体運動については、現代天文学に匹敵する正確な度合いで熟知していたのです。

　また、ガリレオ＝ガリレイは望遠鏡を使って月面と金星の満ち欠けをスケッチしています。私が大学時代に読んだ電磁気学の専門書には、最初に時間に注目したのはガリレオ＝ガリレイであったと書かれてありました。

　古代マヤ文明の天文学者と、ガリレオ＝ガリレイとは共通点が非常にたくさんあります。そのキーワードは、月、金星、満ち欠け、時間などがあげられます。

　このような理由で、金星については今後の課題であり、月の満ち欠けについては深入りしませんでした。

おわりに

　私はこの論文のタイトルを『水星の3日は、水星の2年のはずである』として書き始めたのですが、もちろんその目的は達成したものの、書き終わってみると法則を2つ打ち立てています。書き始めの頃、法則2つ打ち立てることになるなんて考えてもいませんでした。書き始めてから10日くらいたって第4章の法則の発見に気付いたのです。まるで神の賞与を受け取った気分でした。

　1905年の春、26歳のアインシュタインは「運動する物体の電気力学」と題する論文を書き上げました。ここにも法則の発見があったのではないでしょうか。これが今日、特殊相対性理論と呼ばれるものです。神からの賞与を受け取っていたと考えられます。

　聖書には、

『また日と月と星とに、しるしが現れるであろう』（ルカ 21.25）

　というフレーズがあります。そこで最初に記したアインシュタインの予言を観測した皆既日食の日付は1919年5月29日です。数字だけを取り出してみると1919　5　29。これに何かしるしが現れていないだろうかと考えました。どーするか。

　神様はサイコロを振らない（アインシュタイン）から、サイコロを振る気持ちでその数字の並びをバラバラにしようとは考えません。そこでひとひねりして並べ替えてみると1995　1　29にできます。これに年と月を入れてみると1995年1月29となります。阪神大震災があった頃のこと、当時私は29歳で

ありました。

　本書の「はじめに」で天からの啓示として見えない赤い糸と不思議な響き（テレパシーのような音の響き）を聞いた耳について書きました。実は３つ目があります。

　テレパシービームのようなものが30秒から２分程度かな、横になって寝ている時なので定かではありませんが私の頭に照射するのです。一番記憶に新しいところでは2012年11月5日午後6時頃にありました。これは神の祝福だろうと思います。健康診断の総合判定でAを取ったことがありますから、病気ではないと思います。

　昆虫記で知られるファーブルにも天からの啓示があったと東京新聞サンデー版で見ました。何か私と共通点があるのかな。

著者プロフィール

藤木 義仁（とうき よしひと）

工学士。1965年7月24日生まれ。鹿児島県奄美大島出身。
山形大学工学部卒業。
酒、タバコ、ギャンブルをしない。その甲斐あってか徳之島にいた頃は、
高校生と一緒に山登り大会に参加し、1位でゴールしました。

2008年8月14日　自らの部屋で天からの啓示、見えない赤い糸と呼ばれる神からのビームが来ました。その自らの部屋を見えない赤い糸研究室と呼び、天文学の他、自然科学を研究しています。モットーは聖書のフレーズ。その中から一つ。
『信ずる者は、慌てることはない』（イザヤ書28.16）
現在、会社員。独身。

公転軌道は時間軸（t軸）である

2013年7月15日　初版第1刷発行

著　者　藤木　義仁
発行者　瓜谷　綱延
発行所　株式会社文芸社
　　　　〒160-0022　東京都新宿区新宿1－10－1
　　　　　　　　　電話　03-5369-3060（編集）
　　　　　　　　　　　　03-5369-2299（販売）

印刷所　広研印刷株式会社

©Yoshihito Toki 2013 Printed in Japan
乱丁本・落丁本はお手数ですが小社販売部宛にお送りください。
送料小社負担にてお取り替えいたします。
ISBN978-4-286-13862-6